Alle da für Lea

Für meinen Ehemann

Alle Rechte in diesem Buch sind der Autorin vorbehalten

Autorin / Bilder / Cover

Tanja L. Feiler

Rückblick

Baby

Plötzlich werden die Cute Pets Eltern, was dazu führt, dass Kittys Zimmer Kinderzimmer wird und das Zimmer, in dem früher Haeschen und ihr Mann gewohnt haben und jetzt ein Schreibtisch mit PC steht in das Lounge – Meeting Zimmer geräumt werden. Maehi hat beim Kauf der Lounge Möbel auf höchste Qualität geachtet, d.h. nicht nur der Horror Preis, sondern auch die Möglichkeit, den Tisch auf vier verschiedenen Arten bzgl. Breite und Höhe zu nutzen. Die Cute Pets rücken halt enger zusammen, die Sitzplätze werden um den Tisch platziert – alles kein Problem, zumal sowieso das nächste halbe Jahr Gesprächsrunden – Meeting frei ist. Alien kümmert sich um die Technik und seine Prototypen. Kitty freut sich, sie hat jetzt ein doppelt so großes Zimmer und muss nicht mehr in der winzigen Kammer wohnen. Ihre Möbel sind im nu im neuen Zimmer. Das Baby hat in Kittys ehemaligem Zimmer genug Platz, samt Kinderwagen und einem Schränkchen, das schnell aus dem Keller geholt wurde, jedoch noch einwandfrei ist. Die Cute Pets hatten nur keine Verwendung mehr für das weiße Schränkchen. Darin verstaut Michelle die Wäsche, Badeutensilien und Windel samt Puder und Creme für das Mädchen im rosa Strampelanzug.

Michelle wird zusammen mit X die Rolle der Eltern übernehmen. Doch wo kommt das Baby her, was hat es damit auf sich? Haeschen ist gestern zu Besuch gekommen, hat die Story erzählt – normalerweise würden sich Sammy, Haeschen und Good Pet um die Kleine kümmern, doch das lässt ihre Arbeit nicht zu. Haeschen hat auch schon in Pet City wie in der

Heimat alle Formalitäten geklärt, außerdem wurde das Baby vom Kinderarzt untersucht, geimpft, es ist kerngesund. Auf ihrer Reise durch ein extremes Krisengebiet, das zur Zeit auch in den Medien für Schlagzeilen sorgt, stand das Kind plötzlich vor der Haustür der drei Cute Pets. Natürlich suchten sie die Eltern, doch sie erhielten wenig Unterstützung durch die örtlichen Behörden, die überraschenderweise sofort damit einverstanden waren, dass die Haeschen ihr Mann und Sammy Ersatzeltern in Pet City haben, die sich um das Baby kümmern werden. Eine Unterschrift das war´s, keine Millionen, die normalerweise von Menschen aus reichen Ländern gezahlt werden um ein Kind aus Hungergebieten zu adoptieren. Die drei Cute

Pets sind sehr hoch geachtet von der Bevölkerung in dem Dorf, sie genießen fast den Ruf von Propheten. Jedenfalls war keine Zeit, die Cute Pets in der Heimat zu informieren, Haeschen flog mit der nächsten Maschine los, erledigte alles behördliche in Pet City, blieb für zwei Stunden bei ihren alten WG Freunden und abends flog sie wieder zurück. Haeschen hat auch alles, was das Baby braucht, wie die Grundausstattung der Wäsche, Reinigungstücher, Creme etc. mitgebracht, auch Essen wie Milchpulver und kleine Gläschen. Da musste Imo lachen, wenn das Baby ordentlich essen wird, dann haben die Cute Pets bald wieder neue Gläser. X kann darüber nicht lachen, alle verschnaufen erst mal, um mit der neuen Situation zu recht zu kommen. Das Baby hat den Namen Lea Solo erhalten von den örtlichen Behörden. Kitty zückt ihr Fotohandy und beginnt, die Kleine zu knipsen, das gibt bestimmt schöne Bilder...Und nach zwei Tagen wurde innerhalb von drei Stunden aus Leas Babyzimmer ein Cute Pets Design Zimmer. Alien hat darüber ein Ratgeberbuch geschrieben, dass es nicht nötig ist 1000 von Talern für Babyzimmersets auszugeben, fast jeder hat die von Alien beschriebenen Utensilien zuhause. Das Babyzimmer ist ein Traum und Lea fühlt sich pudelwohl. X und Michelle hören ganz genau zu, wann wird Lea Mama sagen?

Michelle und X brauchen eine Pause. Das Paar hat eine Einladung zur Kunstausstellung in Pet City erhalten, das ist eine kleine Vernissage. Die Veranstalter drängen Xavier, ein Bild zur Ausstellung zu bringen, also malt X das Baby und ein schöner Rahmen gibt den letzten Schliff. Ab geht's ins Museum, alle wollen Babysitten, doch Michelle brauch noch Zeit.

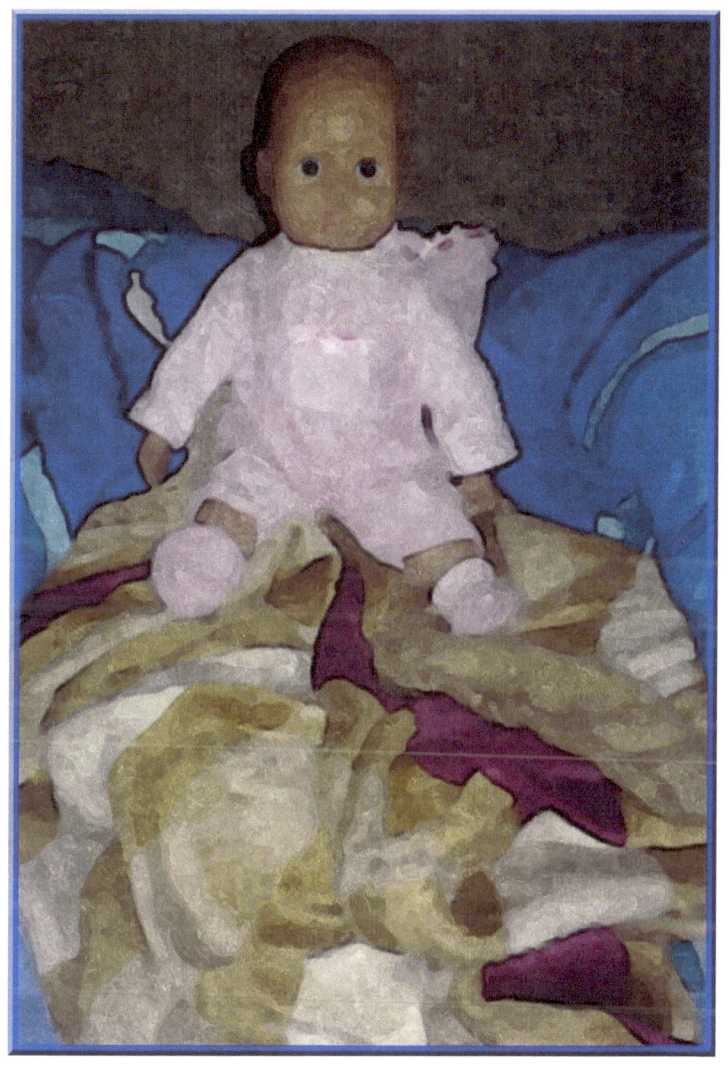

Michelle findet das Bild toll und zieht ein neues Kleid an, designet by Angela. Angelina hat das Kleid verwahrt, dass jedoch als Inspiration dienen soll, nicht in Produktion der Cute Pets Design Reihe geht. So noch Make – Up und los geht's…

Da findet Angelina noch zwei Kreationen, die würden Amber und ihr selbst passen. Na klar, sieht toll aus. Angela freut sich, obwohl für sie selbst, die sie doch die Fashion erstellt hat, nichts mehr dabei ist. Und jetzt sind Michelle und ihr Ehemann auf der Kunstausstellung, wollen anschließend noch ein Eis essen gehen, also so drei Stunden Babysitting. Kitty knuddelt mit Lea in ihrem Bett, sie passt als erste auf.

Dann ist Kitty müde, das Baby weint, also ist Angelina zur Stelle, sie nimmt das Baby und Amber macht das erste Mal in ihrem Leben eine frische Windel klar.

Danach ist Lea müde, ihr fallen die Augen zu, sie trinkt ihr Fläschchen leer und wird in ihr Bettchen gebracht. Träum was schönes Cute Pets Baby...

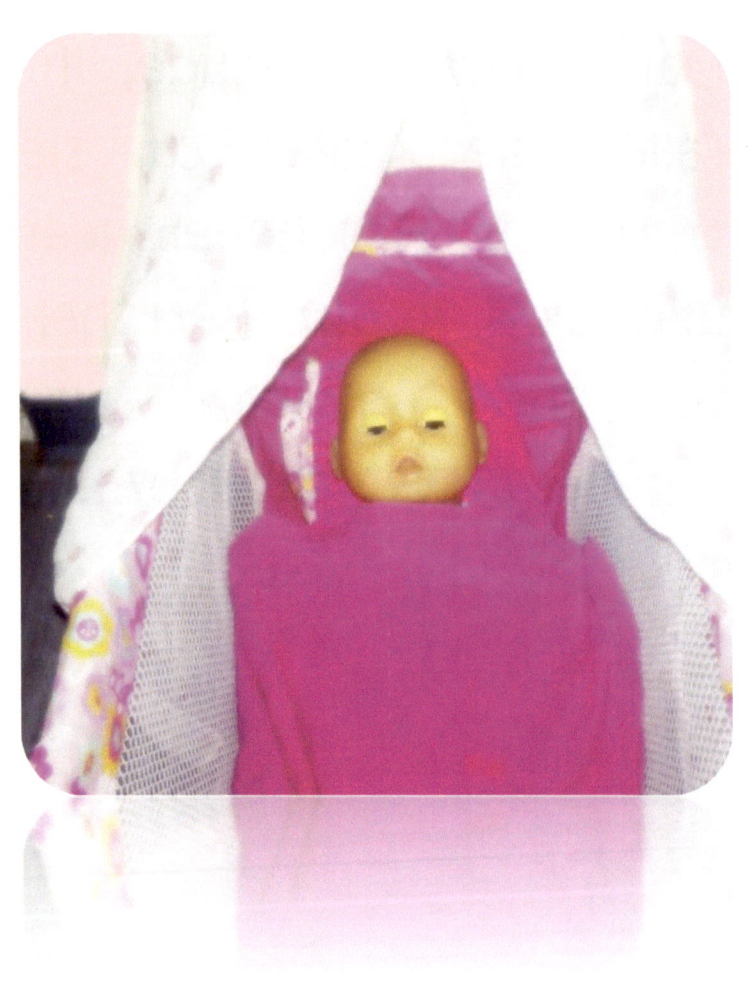

Besonders Danke ich meinem Ehemann

The Kittysong für Lea

www.ingramcontent.com/pod-product-compliance
Lightning Source LLC
Chambersburg PA
CBHW041613180526
45159CB00002BC/839